KLEINE TEXTE FÜR THEOLOGISCHE UND PHILOLOGISCHE
VORLESUNGEN UND ÜBUNGEN
HERAUSGEGEBEN VON HANS LIETZMANN

54

KLEINERE GEISTLICHE GEDICHTE DES XII JAHRHUNDERTS

HERAUSGEGEBEN VON

ALBERT LEITZMANN.

ZWEITE, DURCHGESEHENE AUFLAGE

BERLIN
VERLAG VON WALTER DE GRUYTER & CO.
1929

1. KOLMARER BRUCHSTÜCKE

a. Crescentia

'. . . wole bisluzzin mit iseninin slozzin: so sin wir ginozzin uor unserin uiindin. du niwellist dirz inblandin', sprah daz lussame wib, 'wir uirliesin sele unde lib'.

Do iliter dag unde naht alse der zi hage uaht. er hiez die smide sizzin, daz hus wole bisluzzin mit iseninin slozzin. 'nune soltu niet uirgezzin des tu mir hast giheizin. ioh nahint uns agileize die hermůdin helede'. su sprah: 'é soltu die seleden girustin mit gitregide. ih niirediz niet umbe uegide: des iungires ligin wir da uffe tot, wir ni habin win unde brot'.

Do hiez er da uf furen, so drizzic gisuůrin, daz sie in drizzic nahten mere ne mahten mit neheiner slahte dinge uffen daz hus mohtin bringen wines unde brotes unde anderes gůtes. 'nu ist daz hus wol gare. hie ist unser libnara: swie lange wir dar uffe wellen sin, wir han brot unde win'. 'ioh zelestu brot unde win. dir mohte leidir sin, daz unsir got hat uirgezzin, danne umbe trinkin older umbe ezzin. du heiz die kapillane gan, in Rome unde in Lateran daz heiltom giwinnin, é is die lute werdin innen. daz soltu bistiftin, ob ih mih an dih wil heftin in einir keminatun: so leiste ih also drato, herre, dinin willin. uon du sulin wir nidir uallin unde clagin unsir missität, so mag unsir werdin gut rat, unsir sunde riezin, so mugin wir zi iungist daz ewige riche niezin'.

Do er mit der grozer krefte daz heiltom bistifte in einir keminate, du frowa nam ir giwete, die sluzil su darin want. si leite der herre an der hant einin . . .

'. . . wankes. hastu dinis dankes mih bislozin hier inne, daz heizih unminne. du min geswiha uil gut, du irla mih dirre not. ioh giswerih dir eide, daz ih dir niemir leide nigitun an dinime libe: ih nigere din niemir me zi wibe'.

Do sprah du frowa gute, daz su des niene tete deme helede zi leide, daz su imphienge sin eide. 'nu sih dir allinthalbin din. du hast brot unde win, ander gut girete, scone bette giwete. swenne du beten wellist, niet langer du nitwellist: dir sint die heiligun so nehe. dir niwirt iedoch niemir so gehe, dune muzist minis liebin herrin biten. ih nimohte dir hie uze niet langor gistritin'.

Sa bi deme worte do bisloz si die porte alle gimeine: su lie den helt eine sizzin in der kamire. die sluzile alle zisamine warf sie in eine kiste, daz nieman niwiste den ir giwerb so spahen. sie was des ir gastes uil michil hele.

Des dagis do man sanc die misse, nieman daz niwiste, war der herre komin was. alle clagiton si daz. du frowa bigonde weinin, alse si daz solte meinin an ir gisuien uil gut. uil hartę kelite su ir mut: we tete deme lussamen wibe daz herze in ir libe nah ir lieben herrin. su beit sin mit eren ane alle skande, unz in ir got sante ze lande.

Der winter nahen began. der cheiser unde sine man si zugen zi lande. der bote fur rande, er tet iz der kuninginne kunt: uf stůnt su zu der selbin stunt. do gie su ubir hof breit, uirholne su in daz hus skreit: do růrte su eine porte. der helit ir antwrta: 'wen horih da zu der ture stan?' 'wiltu noh hare uz gan?' sprah du . . .

. . . du frowe gute biwollin in deme blute. alse sie d . . . do greif su dar mit der hant. su sůhte daz ki . . .' 'trehtin, in deme lande da ih bin, uirlorn han . . . ist mir giwizzin? wan habiton mih gezzin die . . . ge, daz mih niemir mere meinsche gisehe!'

An . . . er sluc si fur den munt. 'nu la farin dine zala . . . wallit hara. du solt hine widere an den grun . . . dinin gisunt, da man dih uz uirte. iz sol dih luz . . . uerte'.

Du frowe uirwandilote ir gitat: si stunt n . . . wat. daz kint lag ir ane den brustin. daz blut . . . wizin windilin. 'nu muz ih dur not lidin alle . . . gibutist, wande du minis herrin trut bist'.

Der . . . zu der frown: 'nu hab ih minir truwn uil luzil . . . stu mir giwizin, daz du mir kint miniz irslagin . . . blutig hie stast ze minir geginwrte, alse du mir . . . murdit. ni habe ih dir niet gilonet, du mohtist . . . an mir han gischonot'.

'Nu bin ih ein ellindez . . . ih den minin lib. daz

min got niewene ruchit, da . . . bisuchit. von du furht ih niewit den tot, wand . . . in disa not chomen hin in allen gahen. wildu m . . . in daz wazzer werfen, des ne mag mir nieman . . . welle bidenkin der heilige Crist, der aller witi . . .' sprah des herzogin trut: 'wie getar su werdin . . . wol gifallin, daz su hie stat unde kallit unde . . .'

. . . ozit.

Der herzoge sprah: 'semmir min lib, sere . . . wib, danne mih daz kint irbarme, daz su tre . . deme tode uirhowin. biganc dih mit der fro . . . alle, du habe dir mine schulde mitalle!'

Der . . . f hub er die hant. er slug sie mit der fuste, daz . . . nde ir daz kindilin intsleif. mit beidin han . . . il uaste bi deme hare. er furhte sie ziware uz . . . die lute in alle batin, daz er sie lebin lieze . . . e fuze niene stieze. er zoh sie mit deme beine . . . ne den hohin burcgrabin zitale. 'nu habin ih . . . ih uirliesin older nerin, des nimahtu dih niet . . .' frowa den tot ane sah, ih weiz, su uf zi gote . . . 'pfah minin geist! wande du mine schulde wole . . .' wort nidir liez, bi deme halse er sie stiez in . . . den grunt. des mordis frowete sih der hunt. . . . unreht ubir den herrin unde ubir den kneht, . . . ahin, do si eine andire ane sahen, wrden misil . . . kreftig.

Sa zu der selbin stunde, do man die . . . f zu deme grunde, dannan floz du frowa zwe . . . nz an den trittin tag. zi einime werde si gilac. . . . u dar zu gan, obe deme wazire stan in einis al . . . 'warumbe', sprah er, 'frowa, wiltu stan an de . . . astu zu deme lande? dih mag is uil harte ir . . . it einir starkin sorgin biuangin'.

'Ioh ni gitar . . .

b. Der scopf von dem lone

Suer so die zuht treit, daz er wol uernimit daz men imo seit, vndir danne in guot kerit, daz er des bezistin gihorit, vnder daz bosiste lat uarin, der wart ie heilis giborin. wir solton allenein uarin: sonc sin wir leider so giborin. doh daz ein wib were, du uns uon erist gebere, du truoc missilichu kint, also die afterkomin ie noh sint. einin sun su gitruc, der sinin bruodir ersluoc: daz pluot daz uon imo gienc, du erde ez ungerne imphienc. des uerlos su ir magitheit: des han wir michil erbeit. der sun daz erbe bistat uile dicke, daz sin uatir lat: sint sie giliche giborin, er latez ungerno uarin.

Doh han wir einin uorfarin, der wart uil edile giborin: der habit uns uil menigu gůten bilde uore gitan, die sulin wir uil gerne bigan. die altun é hat er uns binomin: des sin wir alle fure komin. du was hine zu der helle giborin: die sulin wir gerno lazen uarin. du sin nuwe lere du ist also here, suer sie rehte bigat, daz er in demo himilriche stat ane alle sine sunda. ez ist ein edilente, ez sint allez edilu kint, du imo folginte sint: ez sint alliz der diue kint, die der uone gisunderot sint. so sulin wir rehte biwarin, wie du edilin kint giuarin, daz wir daz selbe bigan, daz wir daz erbe muozzin han.

Nu wil ih uch sagin, waz uns we tuot: daz tuot daz wankile muot. des proden mennisgin muot daz wankot, also du luft tuot, die der wint da kerit unde sie also garwe zefůret. also werdint . . .

. . . suaz so su guotlichu mac. sueme deheine rede tuo, du kumit ie bezerinthalp derzu: an daz bezire si ez kerit, daz wirsere su allez zerfuorit. die zuo sint gisunderot. ie wedire wndirot, daz du andir tut: daz ne dunkit sie gut. die sehin wir seltin samint stan, diheine rune samint bigan.

Einis anderin vbelin wibis muot, ih sagu rehte wie si tuot: du sizit unde kronit, unze su ir selbir man gihonit. du spenit anderen man: daz ist sunde gitan. si kerit ir mut, same der bose uogil tut: den zagil er uf wendit, sin selbis nest giscendit. daz merore mezzir wil su tragin: daz nilant uch nieman widir sagin, er netribe sies widire, er gilit dir nidire.

Sua ein frome wib kumit unde si ein bosin ginimit, du nah eron ist gizogin, du wirt also harte bitrogin: wande demo bosin demo ist leit allir slahte frumicheit. er nilat sie niet des bigan, dihein ere ist gitan. du ist iemir in der not, sie negesceide der dot: die sol got irlosin in zit uon demo bosin.

Sua ein fromman kumit unde ein guot wib ginimit, die kerint ir mut an daz reht unde an daz gut, die cristenliche lebint, unze sie den lib habint. iewedirz dunkit gut, da daz andir gůtliche tuot: daz sint du gotis kint, du da gisaminot sint. so du luft zirgat unde der himil so heterliche stat, so scinint ellu gotis lieht, su inhant wandiles niet: also stat des bidirbin mannes mût, der io gerno guotliche tut. der niwirt niet uirwandilot durh niheinir slahte not. des ere niemir zirgat unze disu . . .

S . . . .

. . . mit imo so uaste gistat. wande nihein gût wille der ne kumit niemir ze helle.

Got lech maniclichimo dri lieht, des nist wandilis niet. ein lieht ist also gitan, daz an uns selbin han. daz ne were uns frome niet ane du zwei lieht. daz fur er uns uirluhin hat, da daz andir lieht ane stat. daz tritte lieht ister tac, den nieman ane ni mac. die dienon den man. fil ist des uns got gan: die maninna ioh der sunne, du himilisge wnne, die dienont dem man. uil ist des uns got gan: die sternin also manicfalt. got hatis alles giwalt. got habit selbo uf daz lieht, des in ist wandilis niet. er ist uns ziware ein herer luhtere.

Die engile dienont den man. uil ist des uns got gan: vns dienont die lufte mit der gutis krefte. vns dienot der regin unde sne, uzir suelihimo ende ez here ge. vns dienot der walt, uns dienot hizene unde kalt, daz wazzir dienot dem man. uil ist des uns got gan: vns dienot perc unde tal, daz niezin wir al. vns dienot der stein: ie nist der gescopfide nihein, ez indiene allis dem man. uil ist des uns got gan: vns dienon uinstir unde lieht, deist wandilis niet. vns dienot du helle, der sie uirdienon welle. su nist nie so ueste uirtan, er muoze da herberge han: wande got den sluzil hat, der in daz abgrunde gat, vuande er ist ziware ein rehtir rihtere, vuander niemanne uirseit daz er uirdienot heit, vuander ist meistir zi flize ubir ellu helle wize. zuo igelichimo wec get . . .

. . . guotis bigan, er ne wellis erbeite han. do wart der halbe mantil sin in himilriche guldin, den er hine fure sante und in uil wole giwante. zu den langon herbergon da begonder fru zu sorgon, da wir solton alle bistan, obe wir iet guotis habetin gitan. sueliz sin gut treit, da er die rehtun herberge heit, vnde sin gut fuorit, da er selbe hine kerit, da er iemir sol bistan, das sint wizze gitan. da sint die rehtun herberge. diz ni heizit niet uuan ein sorge.

Dizze heizit et gebitit, also ein man der zu ritit, heizit einen andirin uf stan, heizit in after wege gan. dizze heizit gilazzot, als einir der sinin soum fazzot vnde sin gut wil biwarin unde in ein ander lant wil uarin. also sulen wir lazzon, den selbin soum fazzon: vuande wir muozen uarin eine uart, so nie niheinu starcheru wart, daz wir etiwaz da han, da wir selbe sulin bistan.

Die rede die ih da han gitan, wir soltin sie uil gerne bigan: vnde wirt ir iedoh uil luzil gitan. vuande hie wirbet man unde wib umbe einin ziganclichin lip, der also sciere wirt zarstorit, some die hant umbe kerit. da hilf, gnadiger Crist: wie durft uns dinir krefte da ist!

Sancte Martin der gute der irwarb in dirre note, er irwarb in disin sorgin zu einen herbergin, da er den halbin mantil hine sante, da er uil wole giwante. daz andir teil daz er an imo truoc, daz bizechinot eben unte gnuc, daz er imo selbin wolte han. daz . . .

. . . hende. ez prennit ienoh din goteheit an dir . . . nah lonost du den man, als er dih uirnemin . . . gilonot, als er din gisconot.

Ih sag uch waz . . . daz rehte da bigant, wie der wise man tuot. . . . guot, alser iemir sule lebin, unde ilit iz sa d . . . zi stete sule uerfarin. der wil die sele biwar . . . liche daz selbe himilriche. sin guot scinit im . . . dare. daz aftere lieht daz niscinit fσr demo . . . imo daz gut, daz man imo den himil uf tu . . . man ferseit, daz er dare gifrumit heit. da sin . . . de minne. da nist haz, da nist nit, da nist zo . . . ze iunc, dane ist zalt, da nist ze heiz, da nist . . . be an manne unde an wibe. da scinit wib un . . . de lussam sconere danne tac. wol in der da . . . re danne der sunne in der himiliscun wn . . . nigilih, er si arm oldir rih, sih selbin durhs . . . gnadon e iehin. da lonot got scone mit de . . . lone. da dunkit tusint iare niewan . . . git du gotis kraft frǒde unde wirtsca . . . ist engile sanc iegeliche alsus: • sc̄s • sc̄s • sc̈ . . . tin mitten gotis wortin. dane ist so erli . . . lieht: die bezeichenot den lichamin sancte . . . sulint ir uirnemin baz: Maria heizit si um . . .

. . . gisundot han, daz wir den trost zi gote han . . . burgin also. in demo herin euuangelio . . . as also: ein burc hiez Iericho. da was inne zc . . . te der roubete unde brande. daz lut irkan . . . riche. daz forhton algeliche. der was har . . . detin, der was des fiindes bote. daz lut ruof . . . dare keme und in den man beneme. du . . . der hiez Zacheus. got daz lut irhorte: ich weiz . . . it uns also, in die burc zu Iericho. . . . us der selbo Zacheus, daz da komin were ein . . . mo nam ende allir mannegiliches sunde. . . . daz er in uil wole gilerti, daz sin wrde uil . . . e missetat. der uil sundige man wie harto . . . dar keme unde sinu wort uerneme vn . . . sundon ime bigehe.

Da was des lutis al . . . sagin wil: fon den nimahter fure komin . . . uernemin, got selbin niet irsehin, sinir sun . . . e da mite gote fuorin, daz sie lengir . . . s alsus danne dener Zacheus. daz . . . eichenot daz, da was sinir sundon . . . were. in luzilin den stundin do ge . . . nde.

Do sah er ein boum sten: do iltir sa . . . er sih fie, rehtir uf den boum gie. der bŏm . . .

. . . mir mine sunde. ih uirgilte inuier ende alliz da . . . wib oldir man. . . . de wizzist wole ziware, ih n . . . mere'. got ferg.b imo da zestete alliz daz er ie . . . tuot, der bikerde ist guot durnehtiliche: die im . . . che. also impfaher och den man, der disin scopf . . .

c. Cantilena de conuersione Sancti Pauli

Du buoh sulin uns lerin, wie wir . . . mit herzin ioh mit mŭte zu dem . . . wir uns sulin biwarin: wande w . . . zin uarin von disimo libe in ei . . . iemir sulin sin.

Wir mahtin ba . . . den abint unde den morgin vmbe den kum . . . git uns in michile not, arme unde riche alle ge . . . man unde wib, wir muozin wandilon disin lib . . . uns gaginwart, die bihuotin unser hineuart . . . le ist, zi gnadon sendit unsin Crist. der andir i . . . der drowet uns also harte herro, du geweid . . . wande du uns die sele hast gigebin.

Ez ist uil . . . du uiertcil der werlte sulin wesin zu demo o . . . demo frone tegedinge, uuie zuei teil den guo . . . tin, uuie zuei anderu teil der ubilin die imp . . . lon. nu sulin wir . . . in d . . . sint die uertanin: die uerratint ir herrin, die . . . ze buoze des niene kamin. der ime selbin tuo . . .

D.z . . . nt ir mit flize samint imo habint du ewigin . . . e teil ist uirdamnot. daz ne . . . e zesehinne . . . le diet, du ne kumit zu der urteile niet. also . . . e, da daz dinc inne wesin sol, da die zweilf . . . r unsire sele nah unsir giwirhte, daz mugin . . . nah unsir getete: daz forhtih arme note. so su . . . de du sele den lip hat, sie farint sa zestuont . . . e grunt.

So daz dinc wesin sol, so erstet daz . . . t mit sinir kraft, imo dienot ellu sin giscaft. . . . in furhtit danne menegilich. dane hilfit man . . . nin sundigis danne.

Heu me misero, wie . . . fro, so ih rede sol ergebin des ih gewrhte, sit . . . u dinir urteile zeiungist. des ist mih michil . . . du sint so freislih. sculdic pinnih, herro, widir . . . n uon einimo wibe, uon einimo zeganclichin . . . ppe also zergenclih. waz eron ist dir daz, treh . . . bildotost nah dir unde du dingos widir . . . suoche, herro, danne widir einimo sus pro . . . du . . . de die du mir sceinist, trehtin, du bistiz ei . . . niste gut, daz mir iemir wol tuot. uuande dinir . . . nne alles des in dirre werlte ist. tu mihi mise . . . il here.

Herro, gedencke an daz wib . . . ber ir lip, du dir leidir missefůr: su gifrumi . . . alte ewe daz gibot, daz su wrde gisteinot . . . . . .

H . . .

2. VON DER BABYLONISCHEN GEFANGENSCHAFT

. . . ten vnde gebôt vns, daz wir for besæhen, daz wir in daz bose giuancnvsse ieht chomen, da die Israhele inne woniten, an den sih got girochin habite. daz selbe giuancnvsse daz bizeinchint giwisse, daz alle die giuangin svln werden, die an disem libe an bv̊zze ersterben.

Die Israhele noh dolten si manigen wewen. si heten michel not: ez bezeinchīt den chvnftigen tot. div bant div si trv̊gin, die wile si giuangin waren, div bezeinchint daz des leiden tivuils chraft: wan der tivuil alle die bindit, die er ân bv̊zze uindit. dannen was ditze giuancnvsse frêislih, ez get vf man vnde wib. die in disem libe mit der bosheit belîbent, die mv̊zzen giuancnvsse doln: in wirt michel ere benomen, sine bechêren sih uon dem vnreht widere. vnser herre got uon himele erbilgit sih an dem ivngisten tage: diz hât vns der prophête gisagit.

Hie mit warnit vnsih vnser herre. noh bezeinchint ez mêre: ez meint alle die, die mit vntriwen wonten hie vnde die bosheit ratent frů vnde spate. swenne si ân bůzze hin farint, si můzzen den selben lon habin, den die Israhele habiten, do si in dem giuancnvsse woniten. wellen auer wir an der bůzze uast bestan, so mvgi wir grozzen lon han: denne so helfint vns die sibinzic tage, daz wir ze gnâden mvgin farn.

Nv haben wir gichosit uon disen tagen, die erchennit wol wib vnde man. so die sibinzic tage an gênt, so leit man ein lop uil her: daz lop heizzet alleluia, daz lobit got den gitriwen. daz lop svl wir uermîden alle die wile, so die sibinzic tage werint, vñ svln gnade an got gern vnde svln grozze devmůt haben. ih wil iv ein ander rede sagen, waz daz tv̂tit, daz die israhêliscen lvten giengen giuangin div sibinzic iar alle. daz was ein michel vrtêile, daz si div sibinzic iar můsen weinen uil manigen ewiclichen tach, daz in nîe gnâde giscah. div bant bezeinchint vns daz, wir svln fvrhten di gotis chraft. vns bezeichent ovh die sibinzic tage, daz wir gote vnser svnde chlagen vñ svln in iemmer minnen mit gůtem willen: wir svln in bi vnserm herzen habiten. der propheta, der vns daz uor sagite, er ist Hieremias ginant: also stet ez in den bůchen gizalt. er sagit ez vmbe daz, wan ez der heilige geist vz sinem mvnde sprah: er wiste niht mêr denne ein ander man, ê der heilige geist in sinen lichinamen chom. uon div habin wir ein michel teil zelobinne den richen got ze himele: so stet ez vns hart ebine hie ze disem lebine vñ ovh ze iener werlte, dar wir noh hvgin ze uarinne. hêt wir niht cristen namen, so wære vns vbel giscehen: solten wir denne svnden ze allen den stvnden, als wir uil dicke han gitan, so můsen wir ein ureisliche bůzze bestan, ob wir cristen niht wæren. ih sage iv, waz vns denne giscæhe: so wære bezzer, wære wir niht giborn. wir giwnnin als grozzen zorn, als die Israhele habiten, do si in dem giuancnvsse woniten.

Nv hât vns got daz ze minnen gitan, wir dvrfen di langen bůzze niht bestan der sibinzic iare: daz sag ih iv zware, des hat vns got erlazzen. ih sag iv wes wir gnîezzen, daz wir cristen sîn ginant: ih han ez iv reht gizalt. div bv̊zze, div fv̂r stêt, ih sagiv die warheit, div ist senft ze doln: des habin wir got ze lobinne, daz sint sibinzic tage zware fvr div sibinzic iare. haben wir gisvndit sere, chlagin wirz vnserm herren, chomen wir ze bv̊zze vñ welle wir got drvmbe grv̊zzen, so werdint vnser svnde niemmer so grozlih, vnser herre neme si vber sih. ob wir si fvrbaz uermiden, so mvgì wir mit gote wol beliben: uon div warnit vns der propheta uil rehte, beidiv herren vnde chnehte. er reit ez uon den Israhelen vñ meint den langen wewin, der iemmer mêre wesen sol: daz in fvrht wib noh man, den daz giuancnvsse bezeichint giwisse. daz si giuangin waren, daz bezeichent grozze quâle, die uil vnsæligen scare, die ze ivngist ze helle mv̊zzen uarn . . .

---

3. VOM JÜNGSTEN GERICHT

. . . daz vor ovgin, wir drofdin vns seldin vrowin. diz kint inder mvdir het ez wize, ez mohde des dages irsrickin. so cumint di engle in den lvfdin gevarin vñ brngint ein cruce gedragin, shone vñ lvtdir dar nach cumit mensliche der himilshe cunic vñ sicit zv gerehde in sinir mancrefde vñ vmbe in sine heiligin, daz si vrtdeilin igelichiz nach sinir andaht vñ dar nach ez gelebit hat. so ovgit er sine wndin an sinir sitdin, an sinin fuzin, an sinin handin. dann sal ein igelich ovge got vnsirin herrin showin, als in di ivdin uingin vñ an daz cruce hingin, daz er svicide blut, daz man in bant, daz man in sluc. so er ovgit alle sine not, di er leit vñ avch den dot, vñ sprichit: ‚sich, menshe, waz ich durch dich gelidin han! sage, waz has du durch mich gedan?' so dut man vf di buch: do ane stet vnsir dat, si si vbil odir gut. danne wirt irsheinit, wer nv got mit hercin meinit. di hercin vñ lib nv intreinint, wi heizze di danne weinint, so si vor in gesribin sehint, wi si dunt, wi si nv lebint. ez in iſt nit so hele, ez in werde wol vffinbere, ez si vbil odir gut, so man di bvch vf dut, so man di buch inslvzit vñ breidit vñ di dodin vrtdeilit, al darnach di buch sagint: so vrowint sich di wol gelebit hant. swer wil, daz danne sine shande nit insehe, der habe nv ruwe vñ beiehe. swes wir nv zv bihdin cumin, daz wirt danne uirhulin: swes wir nv nit beichin, daz sal danne alle di werlit sehin. owe der shandin vn̄ des leides, des gnvge lvde nit einiz danne solin lidin! dir ir svnde nv sich shamint bihdin, wi si solin srien, so got vn̄ di heiligin beginnint spien gein dem stanke ir vnreinekeide: danne woldin si ir svndin han beiehin. so got di bvch ane gesihit vn̄ einis igelichin menschin lebin gelisit, so kerit er sich zv der cesiwin hant, zv den di ime gedinit hant, vn̄ sprichit: ‚cumint, mine vil libin kint, zv den himilischin gnadin, di vch bereidet sint von der werlitde aneginne: wande ir dadint minin willin. cumint, mine vil libin kint: ich bin vwir vadir, ir bint di ich irlosit han von der helle not. ich bin mensche vn̄ got: des vwir herce i hat gegerit, des werdint ir allis nv gewerit. ir bint di, durch di ich den dot leit: ich sal vch ovgin mine shonheit, ich sal vch ovgin mine hershaf.' danne endit vnsir vngemach. di zv der linchin hant stant, di heizit er in daz ewige fur gen: da nit in ist dan ach weinin vn̄ we, dan vz incumint si nimir me. so get ez an ein sheidin, so get ez an ein weinin, so srient si: ‚herre, herre, svzir shephere! war solin wir nv uil armin? laz dich vnsir not irbarmin vn̄ du vns etlichin rat: vns rvwit vnsir missedat.' so antwrdit vnsir herre: ‚der rvwe ist nv zv spede. di portin sint beslozin, hi in mac niman me vz ioch in. ich in weiz, wer ir bint: ir sint des dvuilis kint. gent dar ir gedinit hant, in der uinstirnisse lant von mir, mine viende.' do wirt man weininde vn̄ sriende. so si vile geweinint vn̄ gesrient zv vnsirme herrin vn̄ er in den rucke beginnit kerin, so srient si di gudin ane, daz si hi helfin vn̄ got manin, daz er ire gnade wolle han: so weinit manic wib vn̄ man. iswer den andirin do irkennit, der reckit ime di hende vn̄ sprichit: ‚hilf mir, frvnt herre!' do wirt manic betdilere. so sprechint si: ‚ia sint ir di, di ir sphephere haden vnmere dvrch uwiris libis senfdikeit. wa ist nv vwir vbbikeit? nv hat si ende genvmin. wir inmogin vch nit zv helfin cumin: dar ir gedinit hant, dar gent, wande ir gesehint vns nimir me.' der frunt in si da ni so gut, in dunke it selbe wenic gnvc, ob er it gode gedinit hat. dunt alle wole, ez ist min rat. so get ez an ein sheidin, so get ez an ein weinin. so si danne von ein varint, so hulint di bosin vn̄ carint: si windint ir . . .

4. DEUTUNG DER MESSGEBRÄUCHE

Nv mac der man als gerne eine zeware uaren zoͦ den ewigen genaden, sam daz er uolge dem gesellen, der in uerlaitet zoͦ der helle, der ime nimmer geseit die rehten warheit, wan daz er ime uor gelichsenot. er wil in leiten in den tôt, als oͦch der uogelære toͦt: der machet uz deme rîse sinen hoͦt un̄ recchet uil lîse den chloben uor demẹ rîse mit harinen snoͦren, er wiruet oͦch da michel ungeuoͦre. die oͦch gesizzent an den chloben, die werdent uil dicche betrogen: er ziuhet si hin în da un̄ enthoͦbetẹt si îesâ. sinen gratten er si gît, dauffe lît ein uberlit. same uert ez umbe die alle, die betrogen werdent zoͦ der helle.

Do horte ich oͦch wîlen wol sagen, daz scol man uns niht uerdagen: man sol div mergriezzer uur div swîn niht giezzen. si niezzent ir niht, daz ist wâr: si behorgent si auer uil gar. iht mer hilfet, daz man den brideget, der darumbe nine toͦt, wan daz er bespottet gotes wort. der bezeichenot daz swin: sin lôn moͦz dester boser sîn. swer da sprichet daz goͦt un̄ div werch nine toͦt, dem sprichet unser herre uil ureisliche sere: er reuellet harte mit sîn selbes worten. swer auer reit daz goͦt un̄ div werch dazoͦ toͦt unze an sîne iungeste stunde, der hat alle sine nôt ubervvnden. der hat alle sîn arbeite wol geleitet: er ist oͦch ein uil salic man, daz er îe an dise werlt bequam. nune mac ich uor minen sunden neheine goͦte rede chunden, der heilic geist enware min scermare un̄ enwolte mich behoͦten uon den meintaten, daz er mir durch sine goͦte gab deumoͦte. in min herze warhafte minne, daz miniv wort waren getriv un̄ geware. so mohte ich urlob haben ze dem aller hersten man umbe eine rede goͦt, die man uil dicche uor toͦt umbe die uil misliche varwe, da die briestere stent garwe uor dem altare. wie dvrft uns des ware, daz wir daz rehte behielten umbe die uarwe, waz si bezeichent so garwe: des ist mir chunt ettewaz, dvrch die waren minne wil ich iv sagen daz. nu uerlîhe iv Christ der riche, daz ir ez uernemet wislichen, un̄ nemet ez uaste in iwern moͦt, wan div rede wirt uil goͦt. ez triffet an die misse ettiwaz: ir scult ez uernemen deste baz. ez ist umbe misse also gewant: si machete unser herre selbe, der heilant mit simme heiligen sinne un̄ machete oͦch darinne sinen heren lichenamen unde sin uil heilic plǒt. uon div ist div misse uil gǒt un̄ sprichet ǒch durch sin selbes munt: swer zǒ der misse chumet mit andahtlichen mǒte, si wirt ime wol ze gǒte. begriffet in des tages der tôt, div misse hilfet ime uzzer nôt. so wir uur unseren lieben herren gân, wider des hulden wir haben getan, er ist uil gewaltec un̄ uil riche, sone sculn wir niht chomen hochuerteclichen: wan er ist an dem willen, er wil die hochuertigen alle uellen. durc unser ungezvhte bestet uns manec gesuhte. wellen wir durch sinen willen daz unreht an uns niht stillen, so wirt unser ettelicher dar geslagen, da er neheinen trost darf haben, daz er immer mêre gesehe sinen lieben herren. wellen wir die christenheit begân, so sculn wir gedultecheit un̄ deumǒte haben: daz hat uns uor gebildot der alwaltende got. wie solten wir aber si began? wan die ez an den bǒchen sehent stân un̄ uil rehte sehent, wie ez quut an dem bǒche, daz uor in da lît, der neheiner keret daran sinen mǒt, daz ime sî nuzze oder gǒt. die uns ze hirte sint gegeben, die solten kuslichen leben. ǒch solten wir in uolgen nach der selben chunste, daz ist war: wan die hirte daz sint die ewarten un̄ heizzent die ewarten dauon, daz si div kint bewarten daz der tǒfe mit mangeme gǒten segene, die da zǒ sint gegeben mit den heiligen gotes worten. si uertribent uon uns den leiden widerwarten un̄ tǒfent uns mit ulizze. unser uarwe was ê wizze: si heizzent uns chomen lutterlîch uur den heren chunec. wir waren uon unseren sunden geborn: unser uînt hat uns uerlorn. wir waren gote uil lieb: unser uînt wesse unser niht. ê daz ich uil arm man so maneger sunden began, an den selben stunden heten si mich uunden. si uarten min genote urǒ un̄ spate un̄ rieten mir îe mêr un̄ mere swaz so' si mohten zubele. min hêrez oleuaz, mit eittere uulten sie daz: si guzzen darin haz un̄ nît, daz ist daz aller wirsiste lieht. • ich ensprich ez umbe unsech alle niht. ich bin uil dicche geuallen un̄ sint mir wol chunde mine uerchwnden: iedoch moht ich geheilegot worden in dem salze der erde. die brie-stere heizzent sal terre. beginnent si der rehten ewe, so der briester wirt gewîhet, so ist er gote uil lieb, so wil er zware in haben zeimme gewinnare, sinen uil heren amman. wol in, der si geren chan. ein chorter wirt ime danne beuolhen: er sol sehen, daz im deheinez daruz werde uerstoln, un̄ trage zallen stunden daz honec in dem munde un̄ gebe in salz sǒzze. so sǒchent si sine uǒzze.

uñ obe sich einez dicche uon den anderen gescicche, so habe er des lewen mǒt uñ mache ez uil wnderen gǒt uñ habe ez in siner hǒte uñ uille ez mit siner rǒte, unze ime daz ǒge einweder naz werde uon den trahenen oder uon dem blǒte: so ist er sin meister gǒter. damit sol er sî alle bringen zǒ dem stalle. der stal bezeichent die christenheit: wol in, der darinne bestet, den er denne niht mac bedwingen noch zǒ den anderen bringen. daz mǒz er gar lazzen uarn, daz chumet nimmer in Abrahames barn: daz hat sich so gesunderot, daz nimet der wolf durc nôt. die mislichen varwe seit iv niaman garwe: dauon wil ich ein teil sagen, ob ich es urlob habe. ez sint zwo uarwe wol getan, die der briester an im sol haben. im ist blatte gescaffen: da mit zeichent man in zeinem phaffen. div blatte heizzet chrone: die sol er behǒten scone. chrône ist ime niht gebare, erne sî rihtare. hat er briesterlichen mǒt, so ist er rihtare gǒt. daz er die lappen treit, daz sol iv werden geseit. div lappe ist gescaffen ze manne dem phaffen: div bezeichent die kuscheit, div an im sol sin der zungen in sinen munt, dannan im div gǒte rede wart chunt. wolten wir die minnen in dem herzen darinne uñ wolten wir si tragen uñ braitten, so mohten wir die lappen tragen uñ mohten ez allez an uns haben. in die chirchen sol er gân, zaller uorderst sol er stân. er stat zalleruorderost, er ist unser leittere uñ unser trost: wan er uns sol leitten uz disen arbeiten. so nimet er denne in sine hant zalrerst einen champ. er rihtet daz sin har: ez sol ime ligen, daz ist war. an daz har ist ez gezelt, da ist ein anderz uzerwelt: wir sculen hinder ime stan. uil wole berihtet er uns, daz ist war, mit gǒter devmǒte uor gote dem gǒten. so heizzet er ime ein wazzer bringen: so garwet er sich an daz singen. als er daz wazzer enphahet uñ er die hende.getwahet, so wisscet er si sâ uñ truchent sich danâch. an daz wazzer ist ez gezelt, ein anderez ist darûz erwelt. wir sculn hinder ime stân uil wol gedwagen, daz ist war, uzzen uñ innen, unde obe an uns sî decheiner slahte ubel, bediv nit uñ haz, abe uns wisscen wir daz. so nimet er denne in sine hant ein uil herlich gewant: daz heizzet ein humerale. min trohtin dâhte, waz daz ware. damite chumet ime der scate des heiligen geistes: uil wol bedarf er des. den leit er almitten ûf sînen hǒbet: niht uerrer ist ime erlǒbet, daz er div ôren darinne beleit. daz sol iv werden geseit, daz bezeichent, daz siniv ôren nehein unreht sculen hôren noch siniv ǒgen dar gesehen, da er decheines unrehtes biiehe. von div sol man den briester niht twingen ze unrehten dingen, uñ nemac er ez niht gemachen gǒt, so kêre dan sinen mǒt. daz humerale ist uil hêre: ez bezeichent noch mêre. da sint ane zwene gurtele lange, da mit er sich hat umbeuangen. da mit chnupphet er zesamene die chûssce uñ die tugent: also sculen wir daz humerale tragen. so sliufet er danne in ein gewant, daz heizzet albe uñ ist lanc unde ist genennet wîz uñ ist geworeht in allen ulîz uzzen unt innan: ist dehein ubel daran getân, daz nesol deheine wîs da bestan. div albe bezeichent den heiligen gelǒben. der gelǒbe ist auer uil gǒt, der div gǒten werc tǒt. der sich tages unde nahtes ulizzet gotes rehtes, der ist wol gehelmet, uaste gehalsperget: der mac wol mit rehte daz uolwic durch uehten, uolwic gelaisten wider den swarzen meister unde mac âne wnden wenden her umbe, her widere kêren zǒ simme lieben herren, zǒ der himelisscen Ierusalêm. wie mohte uns immer baz gescehen? der gurtel ist also getân, der sol uns alle umbe uân: der gurtel heizzet daz reht. so garwet sich der gotes chneht: minneten wir daz rehte, wir hiezzen alle gotes chnechte. div stôle ist lanc unde breit, div umbe sinen hals get: div bezeichent noch sante Peters ioch, do er dar în geweten was, do er sanc uñ las. der noch da inne geweten stêt, wie saleclichen der uui sich get almitten in deme wege, daz er uns da mite zeichen gebe. nu sculn wir hǒtten alle, daz wir deweder halp uallen. diu stôle rôt div bezeichenôt den aller heristen wîn, diu wîzze daz prôt, dâmit wir alle werden geuǒrot. diu casula, div ime wole stet uñ in allen beuâhet, damitc wirt bezeichenot fides, spes, caritas, div îe mit gote was. die drî tugende haftent zesamenę uñ machent stâte alle des mannes gǒttâte, alse daz pflaster uil gǒt die steine an der mûre tǒt. so nimet er den hantuanon: so ist der herre wol gar. so sint eruollot diu heiligen gotes wort. der hantuane bezeichent dię gotes uart, da div helle berǒbet wart uñ er die sîne alle lôste uon der helle. er hiez si uarn zǒ den ewigen genaden uñ hiez uns nach ime komen dare. ein bilde er uns uor trǒc: da nach ware uns ze uorscenne gǒt. sin hǒbet neicte er zware uor dem heiligen altare: da mite chunt er uns die gǒte, daz got die deumǒte an sich nam uñ gie, da er daz here crvce uant. vor dem gotes tiske er danne chniet: siner sunden er begihet. so zelt er sîne sculde. er sprichet: ‚herre, la mich haben dine hulde unde uerlich mir, daz ich mŏzze dienen dir, daz tu an mir mŏzzest haben einen armen dienestman, daz ich bote werde uon dem himele zŏ der erde uñ ŏch helfare sî aller dirre menegî'. so hat er urlôbes gegert: so ist got, der in gewert. ein kiriel' er danne singet: die alten e er uns bringet. als er ze dem anderen mâle singet, die niwen ê er uns bringet. die lezzen list er danne sâ, daz euuangelium darnâch. als er daz euuangelium ane uahet, der mit unzuhten da stât, dem ware zeware alse gŏt, daz er nacchent uiele in eine glŏt: wan daz sint gotes wort unde sint an uns eruollot. credo in unum er danne singet, den gelŏben er uns bringet. den sol kunnen wîb unde man, der îe ze rehter tŏfe kam, daz er in spreche, swa er sî, daz er da mite bewart sî. ein bilde er uns denne tŏt, daz ware uns ze wizzenne gŏt, daz er mit den armen gechrucet stât, als die iuden unseren herren tâten. so der herre sprichet orate, sone sculn wir niht entwellen mer: wir suln biten starche umbe den gotes ewarten, umbe die misse, die er singet, daz er si uure mŏzze bringen, daz ez gote wol gezeme uñ uns genadeclichen wege. so der herre alsus singet sanctus sanctus, so gewinnet er nimmer mêre so manegen helfare, daz er daz geturre lân, er ne mŏzze selbe daz here lob aneuân. so helfent ime denne die heiligen engele uile gewislichen singen uñ daz lob uur got bringen. darnach neiget er uur den alter sîn hŏbet: da mite chundet er uns die nôt, daz unser herre was an dem chruce tôt uñ sîn heiliger geist gesegenot unde gewîhet uon simme heiligen lichenamen sciet. so der gotes ewarte sprichet lûte uñ harte nob' q° peccat~, so chundet er uns alsus, wie ein centurio sprac uil lûte, do er die martere sach. do wrden ertpîbe umbe alle die werlt uñ brâchen die umbehange, die steine zerbrâsten, div greber sich ûf taten. do erlasc div liehte, div sunne uñ der mâne wrden ir scîn âne. ez wart allez uerwandelôt durc unsers herren Christes tŏt. ein tŏch ist scone uñ breit, daz wirt ûf den alter geleit. got gesach den man, der daz gêren chan. daz ist ein corporale uñ bezeichenot zeware daz uil heilige gewant, da man unsern herren in want, do er uon dem chruce wart erhaben uñ wart geleit zŏ dem grabe. daz man dar ûf sezcet uñ leit, daz ist urǒde aller der christenheit. der chelech, der dar uffe stât, der bezeichent daz gotes grab. div patêne bezeichent den stein, der do wart geleit ûf daz grab, da unser herre inne lac. in den chelech giuzzet er den wîn, der scol aller herest sîn. daz er daz wazzer da zǒ tǒt, daz geurǒt uns allen den mǒt, daz got den willen habete, daz er uns zǒ ime ladete. div zwei werdent da gesegenot. daz dritte ist ein brôt, daz brichet er in driv. heilic sint si elliv. div zwei behaltet er sâ vil wole, daz ist war. daz dritte sciuzzet er in den win: daz scol der hêre merôt sîn. daz ist auer der merot, des unser herre gerete, do er mit sinen iungeren mêrte. nu biten wir got den gouten, daz er uns wol behǒte, uñ sinen geist uil heren, daz er uns mǒzze leren die geistlichen bîhte: wan div ist uil gǒt, der si lutterlichen tǒt. der sich siner sunden bechlaget uñ der niht verdaget sinen ewarten, so heilent si harte. ube er die bǒzze geleistet, die ime sîn meister beuilhet, so mac er uil wole gan den gotes lichenamen enphahen. unde wil er des niht tǒn, so kere dannan sinen mǒt oder er mac in also enphân, alse Iudas hat getan, daz er wirt gestozzen zǒ Iudas genozzen. uor deme gotes tisce er danne stet, unze er daz sacrificium ûf heuet. so sprichet er iesâ per omnia secula: so sculen alle die sprechen amen, die durc got dare chamen. der pater noster ist ein gebete uil gǒt: so wol in, der in eruollot. der gerichet niemmer niht, des ime ze leide gescihet. alle sine sculde uergît er durc gotes hulde. der mac saleclichen leben: dem werdent ǒch sine sculde uergeben. zeware der des nine tǒt, der hat ime selben geulǒchot. an der misse geswiget er drîstunt: da mite tǒt er uns kunt die drî tage, die unser herre lac in dem grabe. nach dem dritten tage erstǒnt er uñ erscein sinen iungeren sâ in eimme gademe, da si uor den iuden waren bespart. do sprac der heilige Christ: ‚pax uobis, miniv chint'. der briester sprichet noch also: des sculn wir immer wesen uro. so sol einer durc gâhen, den gotes uride enphâhen unde sol under die anderen teilen die minne. swa er der niht uindet, der sceidet uil gewisse dannan an die misse. so ist uns uil wol gescehen: so sin wir uersǒnet under ein anderen. so sculn wir da uil gezogenlichen stân, unze urone segen werde getan: so mugen wol urlop han uñ urolichen dane gân, so uasten uñ uîren, als man uns gebivtet. unsers zehenden uñ unsers almoͮsenes ioch des gebetes sculen wir ulizzeclichen phlegen. da mite sculn wir alle chomen zoͮ der himelisscen Ierusalem, zoͮ den himelissen genâden: dar helfe uns got. amen.

---

5. VOM HIMMELREICH

Michil bis du herro got und lobelih harte, michil ist din chraft uf dere himilisken warte. din riche ist gelegen hohe obe allen richen, dinem gualte mach niemen enphliehen noh entwichen. des ne darf halt niemen wænen noh sinnen, daz dir iemen ienner hine mege entrinnen. dinere eren, dines wihstuomes ist niht zale uon oberist des himilis in daz abgrunte ze tale. uon osteret in westeret, uone mere ze mere lobent dih dere engile iouh dere mennisken here. allenthalben des umberinges sint die dih erent, sint die iz ire chint ouh gerne guotliche lerent. alle dine hantgetæte, alle dine geschefte sint umbeuangen mit dinere magenchrefte. mit dinere zeswen ellenthaften tugende sint bescirmit, sint gefirmit alter unde iugende, sint elliu dinch bewaret, sint gliche gescaret, daz ire neheiniz daz andere uone geschihte nedaret. nihwan also du uber ieglichiz uerhenges, du daz cit, also du wil, churces unde lenges. du hast in gebruche dinere gualtigen hente allere dinge anegenge iouh den ente. ouh sint zeware unuerholen in dinere gesihte allere brusten gluste, allere hercen urgihte. uone diu heizzis du in chriechisken alfa et ω, so iz uns hat chunt getan Iohannis reuelatio, des heiligen, des tiurlichen euangeliste, dines sunterlichen trutes, dñe Ihũ xpe. wellent iz ouh Walhe unde Chrieche gnote suochen, si uindent iz gescriben in hebreisken buochen, daz du unzuiuilliche alles werches dinis eine bis initium unde eruollenter finis.

Selbe ne hast du anegenge noh uerwesenten ente: dannen ne magen dih die stete noh die wente deheine halben umbegeben noh umbescriben, uerrer noh naher, uz oder in getriben. dih minnent unde erent, furhtent unde flegent driu riche, dere du waltes unde gehaltes, rihtes iouh phlihtes ungliche, dei du cechest unde antreites, enges unde breites, also du wil, hohest unde nideres, gebiutes, ire sin luzcel oder uil, meres oder minneres si nah dinem willen. ane dih mach si niemen gesuiften noh gestillen.

niemen anderre chan si gerihten n̄oh gecheren, gezuhtigen des libes oder dere sele reht geleren. daz eriste, daz heriste ist daz firmamentum, daz hat iemmer ane cehuote milia centum, dar ubere uile manich tusent dere engile, wider den iz eruehten nemagen die uberuengile. daz hat din wihstuom so geuestenet uon deme anegenge, deiz stæte hat dere ewicheite in dere tage lenge, gesliffen noh gewichen noh geuallen nemach, sît diu erde uone dinem gebote dar unter gelach, da wir uffe in unguis totliche leben, unce wir den geist an dere hineuerte widere geben. so uerente wir dizce leben untotlichen, ob iz dir allererist hie beginnit wole lichen. uone diu heizzet daz niderre terra morientium, daz oberere dar ingegen terra uiuentium: da bat der herro Dauid daz sin teil muose sin, dare scaffe ih bi dinen gnadun ouh gerne daz min, wande da niemen erwirdit, ceget noh erstirbit: hie uerbiderbet sih der lib, unce er gare uerderbit. des geschihit, weiz ih wole, alanch da niht, da ewicliche schinit daz unceganc̄liche lieht.

Da uffe ist o wi daz wunnesame himilriche: deme sint dei anderen zuei dere eren uile ungliche, dei ich da uore mit dere rede geruoret han, daz si ouh dir mit rehte sin untertan. dannen ih noh gnuoch sagen sol, obe got wil, wande diu sele uorderet so getan spil unde ire daz uor allen dingen ist suozze, daz si mit ire gote so unde sus lantrehten muozze. dere eren ist iz uns iouh des wesennes uerre obe: da dih gedihte erheuent mit sange iouh mit lobe, dine engile here canore iubilo ane unterlaz, da ist der bezziste, der suozziste waz, da diu salige burch tageliches gecimberet wirt, da du selbe inne bist chunich unde wirt. dar ine gent uon uier halben zuelf burgetor, da stet inne diu schone phalence hohe inbor, da umbe in glichere antreite zuelf turne: die sint erfullet mit lobesanges sc̆alle diurno, mit den edelen steinen sint si wole gecinnit. in ebener mazze du hast grozze geminnit, den du zen ewen dar uf hast wesen geschaffet. si ne ruochent, waz der uiant uzzerhalbe gechlaffet: innerhalbe habent si sicherheite grozze, si ne erchoment uone sinem itelen dozze. ob er ouh dare getorste oder mohte genæhen, ih gloube wole, daz si in aue uallen sæhen, die in e wilen sahen unsamfte benichen also die donerstralc, die me sihit gahes verblichen. wande die selben habent die burch noh in ire huote, also si sie do behabeten mit statigem muote, den si heten unde habent zuo ire herren liebe: si ne lazzent dar naher geluogen die nahtdiebe.

Diu naht dirre werlte scætewet dar in alanch niht, iht mere neschinet da des werltlichen tages lieht. got selbe erliuhtet die burch iouh den sal dar inne: si nebedarf liehtes des sunnen noh dere maninne. dere sternen hat si rat iouh anderre liehtuazze: uon reinem golde glenstet ein ieglich ire gazze. die mure sint al umbe mit golde gewieret, sint mit aller slaht uare gimmen wole gecieret. des sales estrih ist mit uehen steinen gestrowet: da has du herro die burgare wole mit gefrowet. da zuo negebristet glases uon saphiris: von den saligen wirt da gesehen diu schone iris in dere witen umbeuerte des hohstuoles ce sicherheite hinnen mere des uiantlichen wuoles, den der tiuvel unter den engilen wilen begie, do er hie beuore ingegin dir ce widerbruhte geuie, daz wir unter deme, der uf deme stuole sizcit, uone des uorhten der wuotrih angestliche suizcet, alles unfrides mere suln guisliche sicher sin, daz dar ane ist gotes gnaden ouh worden schin, daz er an sineme gerihte phleget neheinere miete, der in iseninere gerte rihtet liute unde diete unde brichet si cesamene, daz ire got ergaz, die den unfride machent, also eines hauenæres uaz. dannen ist uns ouh iris in chriechisker zungen diche uon den alten buohmeisteren uore gesungen, deiz si geheizzen name des regenbogen, den me ofte sihit, so den himil habent bezogen dei tunchelen iouh dei dichen regen wolchen: daz alliche niht gewizzenlih ist den smahuolchen. die chunst lazze wir besunter den dinen wole geerten, in dinere ê uernunstliche den allere beste gelerten.

Ih negetar nah deme geiste erbalden me baz, cerluogenne sine suntergenge bin ih leider uile laz, sumich unde seine geistlichiu dinch ersuochen iouh dere ih guissiz urchunde uinde an den buochen, so ih furhte, daz mih gahes ce dere unwarheite min unuorbesehener sin unguærliche uerleite. unde so ih wæne, daz ih zuo dere warheite done, din getougenez urteile getribet mih der uone, daz ih uerliese die arbeite minere anedæhte, da ih gerne minen antheiz fure dih bræhte. doh sage ih daz mih geleret hat min magezoge: uon gehilwe unde heitere wirt der regenboge, uone des sunnen wirmen iouh dere wolchene fiuhte, also des fiures glanst durh daz wazzer liuhte. daz dritte dar unter ist des himiles uarwe gluche: ih wæne, in diu erde an ietwederem orte zuo sich luche. da gestet dere boge uon uier furstlichen elementis, dei uns temperent die atemzuht anime calentis iouh in alle wis die stæte behabent des gesuntes, nah dinere gesezcede in die tieffe allere dinge gruntes, dar wir gelangen mit fiumf sinnen des libes nemagen. mit fiumuen dere sele waz mage wir dannen sagen, nihwan daz du herro got antreitære dere dinge, ein herlih wunter bist, suie halt uns dar ane gelinge. du maches uns daz dinch ce wuntere unde ce wunnen, ob wir sin unde rede nehieten, die wir niemmer guunnen: nu has du uns hohe unde tieffe des sinnes gegeben. tuo dar zuo, daz wir in lenge unde in breite zieren daz leben nah dinen hulden nah unseren notdurten mit guote, so wirt uns geringet unde geliuteret daz gemuote, daz wir gedenchen, wes unsih der regenboge manet, so sin diu gehuct uon anderen sachen erwanet.

Wazzer unde fiur sint schinich an dem regenbogen, dei ih bildicliche in die rede han gezogen, durh daz sie bediu sint helflih unde heilsame: ire ietwederez ist ouh egeslih unde freissame, so si uon dere liute sunten ubermæzzich sint unde si dar zuo tribent daz weter unde der heifter wint. wazzer unde fiur sint zuei starchiu gotes gerihte, dei dere werlte allere sint offen ce gesihte. mit deme wazzere ward diu werlt hie beuore gereinet, mit deme fiure here nah ane den die sih habent uermeinet. die do gotes hulde heten, gnasen in dere archa: die denne in sinen gnaden sint, gesigent starche. do bestuonten nihwan aht menniscken in dere sinfluote. die rehte in aht sælden gelebent, gnesent in dere gluote. do ward diu erde uon dere liute unrehte gewasken: denne wirdit si uber al mit rehte becheret in asken. daz ergangene wizze wir, des chumftigen gewarte wir: deiz gnædiclih uber unsih werde, des dige wir ce dir. des louges uarwe, die wir ane dem bogen sehen, warnet unsih christene wir dere glouben ueriehen, daz wir ce dem iungisten urteile haben sorgen, deiz uns uon unguissere sicherheite iht si uerborgen. daz wir iencz mere neturhten, tuot er uns ouh chunt: dannen heizzet irin ouh fride der chricchiske munt, wande er dinen fride uore zeichinit den liuten, daz wir chunnen gedenchen, weiz sule bediuten, daz in dine holden umbe dinen stuol sehent, da dir einemo got dine barmherce ueriehent, des wir sumeliche noh nih ne magen wizzen, wir unsih minner deme rehten haben geflizzen in dinen wunteren, herro, mit geistlichere trifte, so iz die lerære habent in dere heiligen scrifte.

Noh sa die wizzen iz ce durhslahte alanch niht, unze uns ce iungiste erschinet daz ewige lieht, daz den schate uerwisit dere nebeluinsteren naht, da unsih inne der alte uiant ie anefaht, unde die tunchelen blintheit dirre werlte cestoret. so diu iungiste trumbe schelle wirdit gehoret des sibenten erzengiles mit dere maginchrefte, daz si erwechet alle redeliche geschefte, die des liblichen todes unce dare entslaffen sint, unde eroffenet besuntere ieglichiu gotes chint, da beginnet me allererist sehen uzzen unde innen, wié zierliche dei gadem elliu den ce minnen mit deme reinen golde sint gemuset unde gesmelcet. die hie nehein not suæriu noh gæhiu uerhelcet, uone guotes willen rehtere werche uestere anedæhten, suie gnote, suie harte sie die æhtære aneuæhten, suie sere si ie mere gemuot diche wæren uone den uerlogenen, den ungezogenen werltminnæren, die sih selben gote ire schephære freidigten unde sie mit worten unde werchen leidigten, die den widermuoten allen manliche gestent, die dere notdurfticlichen gedulte níht abe negent noh weiche entwichent dere werltlichen leidwente, o wi wie schone die innerhalbe dere murwente dere saligen heimote barm in sih enphahet! wie liebliche sih got in unde sie ime næhet! welhe semfte mit dere meisten zumfte da guinnent, die hie durh got die uiante tragent unde minnent! die in ime liebent die friunte ane lasteres meile, die bechoment ime selben da besuntere in erbes teile: wande du herro die heren martirare uor allen minnis, so du noh got in allen offene richesen beginnis.

Uf deri burchmuren ist allez ane dere engile huote, die uns bi dinen gnaden sint greht ce alleme guote. da du mit besezcet has alle umbe dere cinnen cile, die negesuigent ouh dines lobes neheine wile: dine ere, din lob singent si ce allen stunden. uone grozzeme wihstuome has du iz allez erfunden, daz diu burch guorht ist uon lebentigen steinen, da sih die muoden an die linebergen suln leinen, die gahes ie mitent uon deme ellente entrinnent: ih weiz, si gotes gnaden da semfte unde ruowe guinnent. da die uernozzenen suln in dere ewicheite widerwohsen, da ne stozzent sie die egesliche gehurnte helleohsen. die bechlibent, werdent da milticliche gelabet, die hungerigen, die durstigen werdent da gehabet in dineme hus stæticliche ce uollere wirtsčefte, herro Christ chunich, mit din selbes wertschefte: wande du in da guotliche selbe wil dienen, da neuersmahet, herro, dir lob, den anderen niemen. da sint die herren iouh die armen alle gliche: da teilit unsere ieglicheme sine gebe got der riche, also er die mazze an unseren guirhten weiz. da newirdit uerbiderbet daz scâf noh diu geiz, ce deme dienste ne wirdit erslagen stier noh boch, an daz fiur neleget me neweder bloh noh stoch. erwirmen nebedarf me ire dare gezogen oder gefuoret: hizce noh frost noh dehein ungemah sie neruoret, die mit guoten werchen unde willen dare gelentent. uone diu ist iz in heillih, die iht fure gesentent: si uindent iz ane den seleden allez guis unde greht. da ist miete unde lon, gnade unde reht. wir ueriehen, herro, da si geistlih leben: man nebedarf da weuel noh warf spinnen noh weben.

Ire gewæte, die da sint, ist daz ewige lieht: uone diu nebedurfen si dere badeguante alanch niht. si neuorderent ouh uælen niht unde mantele sumeres noh winteres ze weterlichem wantele. si nelegent ze næhiste dere lih hemide noh bruoche, umbe chursenne unde bellice habent si neheine ruoche. ce nihte wellent si so oder sus varwe roche, dei bein ne bedechent in hosen noh die linsoche. wiz noh suarzmale scuohe beduingent in die fuozze. ich wæne ie dere durften deheiniu geruozze: uone diu nespulgent si da neweder schephen noh naen. durh ezzen nebedarf me daz brot bachen noh baen, durh zuomuose fleisc unde uiske sieden noh sulcen, durh trinchen haberen noh gersten ce biere mulcen. si negerent durh den durst iemmer metes noh wines oder ce wollibe morates noh trinchenes deheines. ciere unde chæse netuont si da gesoten noh gebraten: got, du maht in ane dei elliu sus wole geraten. sine tuont einiz noh daz andere uf deme harste gerostet: allere ire notdurfte werdent si mit deme heile getrostet, daz mit in mere niemen ringit noh ne fihtit. ane strælære unde bursten wirdit in daz har geslihtit. si ruowent da ane uederbete, bolstære unde chusse, nehein wert hat der chozce da also uile so diu zusse, undurft ist in lihlachen iouh dere badelachen: si sint is alles ueruangen mit geistlichen sachen. mit geistlichen dingen ist iz in allez uerwandelet: suer der anderes iht ane wænet, der hat uerhandelet. die sele nephlegent ce bade seiffen noh louge. sie ne zierent ouh uingerlin, ringe noh bouge: nuskelin uone goldes gesmelce noh die halssnuore nebiderbent si da deweder ce liebe oder ce gefuore.

Nihne brennet der sunne die da sint uber tach, wande er mit glanstes hizce dar gelangen nemach, noh diu manc fiuhtet dar ingegen uber naht. da ne ist uon luftes geduere neheinere slaht unmaht. da ne ist uone missehelle nehein uiantlich zuiwurft, dannen ist der ouh neheines suonæres durft. niemen wil noh nemach den fride da gebrechen: waz bedorften si denne uogetes oder uorsprechen? ire wesen ist gezechet in michelere gliherte, in semfte unde in suifte ist allez ire geuerte. sine arbeitent mit fuozzen noh mit hanten, si ne erlenchent sih nienner an den anewanten. wege unde brucke sint alle sleht unde sicher gemachet. alles ungemaches habent sih uercigen unde uersachet alle die mit dir da zen ewen stæticliche suln sin. durh die, got herro gnædich, erbarme dih min unde gib mir, daz ih ane dem iungisten merde dinere gotelichen gnaden iht uerteilet werde noh so getanere eren, diu den dinen da geschihit, die daz ouge uore werltlichen molten hie nihne sihit, die daz ore des totlichen libes nihne horet, die wile iz des werltlichen geludemes doz betoret, diu in des mennisken herce ab infimis nihne stiget, halt enne obene uon gnaden here nider siget unde des mennisken broden sin uf ce sih ziuhet unde machet, daz er schiuhente intfliuhet elliu dei schedelichen oblectamenta carnis, al da nah so du, herro, in wercliche warnis mit des heiligen geistes trostlichere unctione unde in inwertes gestunges salubri compunctione, daz er lieben beginnet elliu, dei dere sele sint profutura, also er si ce eriste hete in dere unuerwerten natura.

Vmbe den stuol sint dei heren quatuor animalia, dei dine ere bridigent, din lob singent inter alia unde uore so uile . . . si naher schowent dine getougene, wande si uorne unde hinten uolliu sint dere ougene. dei in dinem lobe da unde hie sint universalia, dere wir uergezzen noh gesuigen suln inter alia unde uor anderen, dei da ce himile gesehen sint uon den saligen ougen, dei gare erwenet sint in die hohe schowente uon des fleiskes glusten, dannen die irdisken allez ane sigent ce flusten, niht ce guinne deheines frumen dere sele, den diu hilfe chomen solte celestis medele, der helfliche trost des geistes uone dem stuole, der uns bringet dere sunten iouh des wices urchuole, so dannen erhoret werdent stimme iouh donerbliche, die der uone uarent mit brinnenten liehten diche, daz wir bi den gotes sihtigen wunteren ce samene lesen, in welhe wis die sele here nah suln gnesen, so wir ettewie gedenchen, waz die stimme luten, waz die donerbliche, waz dei brinnenten lieht bediuten, waz uns in uier biliden dei uier animalia ceigen, daz wir unsih gotes chreften diemuoticliche neigen, der so getaniu wunter tuot in himile unde in erde, daz ire unser ieglih hie unde da uernunstich werde ce heile unde ce gnaden in den himilisken choren, da wir die getougene alle gesehen unde gehoren. da sizcent uore dir in ire erhaften sezzelen, die gedihte wegent unde helfent uns agezzelen, die geerten uiginti quatuor seniores, di du allez ane, so wir glouben, erhores gnædicliche umbe unsere ellenten note, daz unsih der alte widerwarte iht ertote, also wir iht getuon wider dinen hulden oder wir iht uersumen uon unseren sculden, des wir uon christenlichem rehte tuon solten, deiz uns nah unseren guirhten nihne werde uergolten, e wir iz uertielgen mit riuwe unde buozze, daz wir des uone dir guinnen willen unde muozze. so dih dinere gnaden bitent die zuir zuelf herren, daz uns gewerren nemege nahen noh uerren des uiantes lage in disem wadligen ellente, daz er uns mit unchusten die heimuart iht erwente, daz wir beschirmet sin unter dinere herschefte noh uon ime abegeleitet werden ire gnozschefte, die si gerne here nah ce geburen haben wellent unde dir dar umbe ire coronas ce eren uersellent unde bietent sih dir diemuoticliche ce fuozzen, daz si dih mit eren lobeliche gruozzen umbe unser ewigiz heil, daz si der mite weruent daz wir werden, also sie in dir spiritu feruent, grehte ce dineme dienste, ce dinere gehorsame, uber die so diche geladet ist din heiliger name. daz du uncih in deme zuiuile nihne uerlazzest, unze du die bechorunge suiftente gemazzest, da wir in disem ellente mit birn besuæret, unde uerdruches, der unser uiantliche uaret, den leidigen Satanat mit sinen geloufen, beschirmes aue durh ire gebet unsih dine getouften.

6. TROST IN VERZWEIFLUNG

. . . so verlorn, dî habent daz bo̊ser teil erc . . . swer sihs ze rehte chan verstan, der mag ú . . . ten trost han. swer si ze rehte wil merchen, den mach si wol gesterchen, daz er an gotes dı . . . deheinen zwîvel darf han vnd fro̊lich vnz dar g . . . so er den lîp gar beginnet entsetzen vnd in s . . . gŷr mit niht wil ergetzen vnd er im vaste wider stat vnd in frv̊mchlîchen angat vnd in v . . . hv̊ngern vnd friesen lat vnd er des mer den gn . . . hat, seht so nimt er eit ein vnd glv̊t vv̊r rich . . . herren gv̊t, so dv̊nchet in, daz im si baz, denne zaller der wirtschaft, da er îe gesaz. der in f den benkhen slafen lat vnd im vers . . . dî richen betwât, swer den lip alsus hat, d . . . frev̊t vil lihtez dinch sinen mv̊t: ein chlein . . . nimt er vv̊r gv̊t vnd tv̊t im denne div arm . . . michel baz denne div riche ẘnne, da er e . . . sv̊s nimt div natv̊re vil lihtez vv̊r gv̊t, der c . . . niht bezzerz tv̊t. sv̊s sv̊lt ir ivch der erêre . . . rede verstan vnd sv̊lt si ze michelm lîebe han: wan swî riche der mensche e was, îdoch so . . . in twingen animi uoluptas. also sprichet . . . werltlich man: dî werlt wolt ich gerne lan: nv̊ vv̊rhte ich, daz ich dî armv̊t immer mv̊z . . . genemen vv̊r gv̊t, als ich ez erliden mv̊ge. v . . . ez minen libe niht gezv̊ge, ez vv̊rde mir . . . an spise vnd an gewande. swenne ich des solte . . . ch den andern sihe geben, ich mo̊hte es nimmer . . . sen: von div ist als gv̊t, daz ich sv̊s wese.' . . . triwen hat er rehte den mv̊t, so dv̊nchet in . . . htez gv̊t. ein îgelîch lîp mach wol arbeit han, . . . r in sin niht wil erlan. ez ist dehein arbeit, div ez . . . t, niwan daz herze daz der wider khîrret, . . . der sele dehein gnade lat, als ez sines willen . . . t enhat. im ist als dem toren, den dv̊nchet nihtes gv̊t. wan daz er mit sinem cholben tv̊t. der ez sinen . . . llen niht læt han, so dv̊nchet eȥ dehein dinch . . . l getan. des wil ich sî zesamen zelen, wande sî . . . des wol gelîch gesellen. so den toren sleht ein . . . so chêrt er sich vmbe vnd siht einen andern an. . . . ist ovch des herzen lîst: so ez selbe schv̊ldich ist . . . ez den schaden selbe tv̊t, dar vmbe setzet ez dî . . . an dî glv̊t. so solt ez billicher v̊f dem ro̊ste stan, . . . e ez den schaden hat getan. swaz div sele schaden . . . daz ist gar des herzen rat. der tivfel rætet . . . bo̊ser dinge: er mach ir aber nieman betwingen. . . . dis nostri culpa, cum facimus opera praua: . . . mv̊zen vns selbe schv̊ldech geben, so wir bo̊s . . . wellen leben. daz ich dem herzen so nahen . . . sprochen han, daz han ich an schv̊lde niht getan. . . . oziv not ist mir von im kv̊nt: ez sanchte mich . . . in den grv̊nt. ez hat mir so vil ze leide getan, . . . ich immer gnv̊ch ze sagen han. wande do mir . . . geschv̊f daz leben, hîet er mir do ein herze gegeben, daz ein lip mo̊te getragen, des wol . . . im immer gnade sagen: wande es wær tv̊sent . . . genv̊ch, des ich æine an minem herzen trvͦch. do ich erste wart geborn, do het min herze vͦ . . . gesworn. nvͦ wesse ich des eides niht vnd volgete . . . als ez mir riet. nvͦ læîtt ez mich einen tîffen we . . . vnd versâtzte do prvͦkke vnde stech. do ich wider . . . varn, mit strîchen vnd mit halscharen hêt ez . . . vmbe setzet, so ein hâs in einem netze: nvͦ chvͦ . . . ich niht vͦz gewenchen. do begvͦnde ich denchen: ‚e . . . mich verraten.' daz ich im îe gevolgit, daz ravͦ m . . . ze spate, wande ez chvͦnde an schaden niht erg . . . ich sach dî vîende bi mir stan, der chom do ein m . . . her: do satzte ich mich ze deheîner wer. si slvͦgen . . . verchvvͦnden: deheiner ich begvͦnde. do ich ze verh . . . was versniten, îsa chvͦnde ich wol der vvͦnde site, daz . . . ir nimmer mohte genesen, ez . vͦs min toͦt wes . . . vil sere rov mich daz leben. nvͦ chvͦnde ich . . . deheinen trvͦst gegeben, wande an den selben stvͦnden do gedahte ich nach den vvͦnden: ‚wa. hilfet aller ârzt lîst? sit div vvͦnde so tîf vnd verborgen ist, si mvͦz vngeheilt bestan. . . . mir wol ze dem tode gan.' îdoch bat ich alle . . . ben, swa man pflach gvͦter salben, daz ma . . . mir ein wenich streich dar an. nvͦ vant . . . nie deheinen so gvͦten man, der mir dvͦrch . . . gein einem hare wolt geben. do swant mir . . . e nîemen wart so gvͦt, der mir troͦsten wolt den mvͦt. do wart ich trvͦrich vnd vͦnfro. îdoch chom ez also, daz . . . ein richer herre enbôt, er wolt mir . vͦzen min . . . vnd ane masen machen heil. do wart ich froͦlich vnde . . . nvͦ wil ich iv sagen an disen stvͦnden, welhez doch . . . dî vvͦnden vnd der vîende halschârn, denne ich an schaden . . . mvͦht enpfaren. do ich in miner chintheit dvͦrch . . . herzen læit dem tivfel vnd der werlt war vnder . . . do ich mich do chvͦnde enstân, do erchande ich schîr . . . not, daz mich daz herze leittet vͦf den tot. nv wolt ich dî werlt ŷsa han gelan: nvͦ begvͦnde sî . . vaste zvͦ ir vanh mit i . manigen tvͦsent listen, . . . ich ez vvͦr baz frîste, vnz si mich so zvͦ ir het ge . . . daz ich mit nihte von ir chvͦnde chomen. wande si twanch mir hende vnd vvͦze mit ir bittern svͦze . . . minen lip also gar. do ich ir rehte genâm wâr, s . gedahte ich . . . mvͦse bî ir bestan, vnd wî ich sî immer . . . gelan. so nam ich aber in minen mvͦt, ob dchein . . . ge wær so gvͦt. der mir dvͦrch got ze helfe . æme vnd mich genædechlich von der werlt næme. . . . vil ich do gebat vnd gelas, wande ich des tivfels . . . tiraer was, so half mir ir deheiner niht: an . . . verzagte alliv hiemelisiv diet. nv̊ wart ovch . . . so zorn, ich wande, ich wær zer helle geborn. . . . ê do min gebet stan, ze beiden handen liez ich ez . . . do ich michs aller minste versach, nv̊ ho̊ret . . . ch ein glv̊ke mir do geschach: do leit man mir . . .

1. Kolmarer bruchstücke. handschrift im kolmarer bezirksarchiv. erster abdruck von Martin Zeitschr. f. d. alt. 40, 305 (seine ergänzungen der lücken nehmen nicht immer genügende rücksicht auf den raum); besserungen dazu von Schröder eb. 41, 92.

2. Von der babylonischen gefangenschaft. handschrift aus Mariasaal in der st. pauler stiftsbibliothek. erster abdruck von Mone Anz. f. kunde d. d. vorz. 8, 55; genauer jetzt bei Kraus Zeitschr. f. d. alt. 50, 331; besserungen von Wesle Anz. f. d. alt. 43, 164.

3. Vom jüngsten gericht. handschrift in der hamburger stadtbibliothek. erster abdruck von Lappenberg Anz. f. kunde d. d. mitt. 3, 35; genauer bei Hoffmann, Fundgr. 2, 185 und Piper, Die geistl. dicht. d. mitt. 1, 63.

4. Deutung der messgebräuche. handschrift in der münchener staatsbibliothek. erster abdruck von Pfeiffer Zeitschr. f. d. alt. 1, 270; hier nach einer neuen vergleichung Petzets; besserungen von Schröder Anz. f. d. alt. 17, 295 und Kraus, Vom rechte s. 148.

5. Vom himmelreich. handschrift aus Oberaltach in der münchener staatsbibliothek. erster abdruck von Schmeller Zeitschr. f. d. alt. 8, 145; genauer bei Meyer-Benfey, Mhd. übungsst. s. 1; besserungen von Schröder Zeitschr. f. d. alt. 58, 216 und Jellinek eb. 217. bruchstück einer zweiten handschrift in der wolfenbütteler bibliothek (15, 20—32 umfassend), abgedruckt von von Heinemann Zeitschr. f. d. alt. 32, 117.

6. Trost in verzweiflung. handschrift verschollen, früher in Memmingen. erster abdruck von Docen bei Massmann, Denkm. d. spr. u. lit. 1, 80.

Im allgemeinen ist auf die literaturangaben bei Ehrismann, Geschichte der deutschen literatur bis zum ausgang des mittelalters 2, 1 (München 1922) zu verweisen.

FSC
www.fsc.org
MIX
Papier | Fördert gute Waldnutzung
FSC® C083411

Kolibri 360 GmbH
Ferdinand-Jühlke-Straße 7
99095 Erfurt, Deutschland
produktsicherheit@kolibri360.de